Die

Geistreise eines

Polizisten

Rebecca Barkley

Zum Buch

Michelle hätte sich nie Träumen lassen, zwischen den Fronten verschiedener Engel und der Polizei zu geraten. Mit der Denkweise einiger Polizisten, stand Michelle wirklich vor einem Rätsel, dass mit Hilfe verschiedener Engel verständlicher gemacht wurde.

Eins

Grundgütiger, nahm das denn nie ein Ende? Nicht einmal eine Auszeit, gönnte man ihr. Seit sie es mit Wächtern und anderen Kreaturen zu tun hatte, reagierte sie bei der kleinsten Bewegung, bei der ihr Kopf ruckartig in die Höhe schoss.
Sie folgte ihrem Gefühl, wobei ihr Blick zum Fenster schweifte. Der strömende Regen, war deutlich zu erkennen. Nur interessierte sich Michelle, für das Wetter herzlich wenig. Denn wonach sie suchte war eine Anomalie, zu denen ebenfalls ein Wächter gehörte.

Da sie auf dieser Seite keinen sehen konnte, wurde der Rest des Raumes sehr genau unter die Lupe genommen. Ach du meine Güte, dachte sie, womit der Wächter dessen Größe bei etwa einen Meter neunzig liegen dürfte, gemeint war. Schon bei seinem Highlander artigen Aussehen, wie es an seinen Schulterlangen blonden Haaren zu erkennen war, musste Michelle ein Grinsen unterdrücken. Dieses Wesen war eine Augenweide für sich, musste sie bei dem gigantischen Blauton seiner Augen zugeben, der eindeutig einen bleibenden Eindruck hinterließ. Darauffolgend, fragte sie reiner Neugier. „Suchst, du was Bestimmtes?" Es interessierte sie der Grund, durch den er auf der Stelle festgehalten wurde. Er musste nach etwas suchen, andererseits wäre er schon längst von der Bildfläche verschwunden.

„Das du mich nicht kennst, dass Erstaunt mich." Mit dieser Äußerung konnte Michelle nicht viel anfangen. Vor allem war ihr Schleierhaft, auf was genau er anspielte. Wie es aussah, war sie diejenige die hier die falschen Schlüsse zog. Denn sie ging davon aus, dass von ihr erwartet wurde jeden Namen von den Wächtern zu kennen, die ihren Wohnraum als Durchgangsportal nutzen. Doch sie stellte auch fest, dass er anders war. Schon allein seine Schnelligkeit, mit die er sich danach durch den Raum bewegte war Phänomenal.

Aber da gab es etwas, dass ihr überhaupt nicht in den Kram passte. Das er in ihrem Essbereich stand – und seinen Blick über das geöffnete Deck schweifen ließ. Michelle konnte nicht verstehen, was er sich davon versprach. Sie, wurde nervös. Wenn das der Fall war, streifte Michelle sich mit einer ihren Pony zur Seite. Wie sie es an seinem Gesicht erkennen konnte, musste er auf etwas gestoßen sein.

„Selbst ich kann erkennen, dass mein Besuch angezeigt wird."

Sie war maßlos bestürzt, als den Sinn seiner Worte begriff. Das von einem Wächter zu hören, kam äußerst selten vor.

Nur hatte er, vollkommen Recht.

Schließlich konnte sie bei ihrer Legung nicht wissen, dass es der Besuch eines Wächters sein würde. Nach einer kurzen Pause, sagte er. „Mir ist nicht entgangen das von dir der Himmel abgesucht wurde. Nur um mich, darin zu Finden." In der Regel, müsste eigentlich der Groschen fallen. Das, tat es danach auch. Gleichzeitig musste sie verlegen zugeben, dass sie doch nur in der Himmelsphäre nach Engeln suchte. Es wurde ihr auch bewusst, dass ihre Handlungsweise für Aufruhr gesorgt haben musste. „Keine Sorge," beruhigte er sie. „Ich bin nicht hier, um dich zur Rechenschaft zu ziehen. Du könntest, mir bei etwas helfen."
Sie war erleichtert, das diesbezüglich keine Schwierigkeiten zu erwarten waren.

Aber was war das?

„Bei dir, ist ja richtig was los."

Er spielte auf den dazukommenden Wächter an, der die Frechheit besaß sich unaufgefordert in einem ihrer Sessel niederzulassen.

Wie konnte, es auch anders sein. Es war Maikel. „Vielleicht, möchte er in unserem Team mitspielen." Das hielt Michelle bei diesem Wesen, auf jeden Fall für ein Gerücht.

„Weißt du, warum er Auftaucht?"

Nein, den kannte sie definitiv nicht. Woher, sollte sie den auch kennen. Ehrlich gesagt stand sie mit im seit Jahren vor einem Rätsel.

Es gab einen Weg, um das herauszufinden. Und dabei, würde er ihr liebend gerne helfen.

Zwei Minuten, später sagte er.

„Wenn du ihn dir genau Ansiehst, fällt dir etwas auf?" Nein nicht im geringsten, musste sie zugeben.

„In der Regel ist kein Wächter in der Lage, seine Seele so genau zu platzieren. Meiner Meinung nach müsste er wissen, wo genau du dich befindest." Das kann nicht wahr sein, dachte sie das ihr einen gewaltigen Schrecken einjagte, weshalb sie ihren Blick durch den Raum schweifen ließ.

„Du kannst seine Seele aus dem Grund erkennen, weil die Tür zu deinem Geiste geöffnet wurde. Aber du wirst einiges in Erfahrung bringen, dass kannst du mir Glauben. Maikel ist ein Polizist, der dir auf diesem Wege etwas mitteilen möchte.

Um was es geht, dass sollten wir Herausfinden", stellte Michael am Ende seiner Beobachtung fest. Michelle konnte weit mehr, als nur seine Seele erkennen.
Um jedoch einen Vergleich zu erzielen, schnitt Michael ein längst vergessenes Thema an.
„Wenn ich mich recht Entsinne, reiste ein damaliger Freund ebenfalls auf diese Weise." Im Prinzip hatte er Recht. Nur da lief es, anders als bei Maikel.
Dieser alte Freund, tauchte immer im Raum auf – und setzte sich nicht in einem Sessel.
Plötzlich fragte der Engel, aus einer Überlegung heraus. „Hat Maikel, deine Wohnung schon betreten?"
Nein, laut ihres Wissens nicht.

Und das passierte einen verdeckten Ermittler, der jetzt zumindest nicht mehr Ungesehen seine Spielchen treiben konnte.

Zwei

Detectiv Maikel Rain, war schon zu Beginn ein ungewöhnlicher Fall. Obwohl zwischen ihnen nicht ein Wort gewechselt wurde, wusste sie am Ende mehr von Maikel als ihr lieb war. Die recht merkwürdige Begegnung, fand auf einer Wache statt. Da Michelle Intuitiv veranlagt war, kam es aus zwei Gründen zu einem Vorfall. Sobald die Katze aus den Armen des Detectivs entwischte und auf dem Tresen der Wache als Laufsteg sah, griff Michelle dem Tier unter dem Bauch um den Zirkus zu beenden. Was keineswegs ein tragischer Fall war. Andererseits hätte sie bei ihrer Präsentation, dem Tier zumindest einen Blick zuwerfen können. Aufgrund der Stille hin wäre eine aufschlagende Stecknadel, nicht überhört worden. Sie wusste das sie ihre Handlungsweise nicht zurücknehmen konnte, insofern tat sie so als sei dieser Vorfall nie passiert. Bei der Übergabe des Tieres, kam es dann zu einer katastrophalen Wende. Bei der die Berührung seiner Hand, keinesfalls Theatralisch war. Es handelte sich um die Bilder, die ihr von Maikel übermittelt wurden. Aber auch für sie war es neu, auf jemanden zu Treffen der ähnlich Veranlagt war. Das sie zu diesem Zeitpunkt, nicht einmal wusste,

Sobald Michelle in ihren eigenen vier Wänden war, konnte sie es nicht lassen einen Blick in ihre Karten zu werfen. Es war Schockierend das sie mit diesem Bild, regelrecht zwischen den Stühlen gedrängt wurde.
An diesem Schicksal artigem Ereignis war zu erkennen, das sich der Tot schon auf der anderen Seite in einer Warteschleife befand. Sie suchte nach einem Weg, um seinen Hintern aus der Gefahrenzone zu bringen. In Wahrheit entwickelte sich die ganze Sache ebenso schwierig, wie sie es von Maikel kannte.
Zu dem gegebenen Zeitpunkt, musste sie auf einen Namen verzichten, den kannte sie nicht. Aber mit einer genauen Personenbeschreibung, müsste die Polizei auch Arbeiten können.

Selbst heute würde sie keine Schwierigkeiten haben, ein genaues Bild zu erstellen.
Nach ihrer Handlungsweise, war es an der Zeit einen Stadtwechsel vorzunehmen.
Aber zu ihrem Kummer wurde sie selbst da von seinen Schicksal verfolgt, dass aus unerklärlichen Gründen wie eine Zeitschleife in ihrem Gepäck steckte. Und was Michelle nicht mochte waren unvorhersehbare Dinge, insofern wusste sie von dem unerwarteten Auftauchen der Polizei. Schon bei dem einen Beamten dem sie die Tür öffnete, bekam sie einen gewaltigen Schrecken das sie Augenblicklich fragte. „Habe, ich was Verbrochen?" Denn laut ihrer Erinnerung wusste sie, dass sie in keiner Stadt etwas

Ungesetzliches tat. In dieser Hinsicht, war sie keineswegs Schuldig.

Nachdem er sich setzte sagte er. „Ich hoffe nicht."

In der Gegenwart eines Polizisten, wurde sie immer nervös. Aber sie gab sich Mühe, ihre Unruhe vor dem Beamten zu verbergen.

Kurz danach war sie bestürzt als sie hörte, dass die Polizei mit Maikels Personenbeschreibung vor einem Rätsel standen. Vielleicht würde ihm ein Gedächtnisfoto weiterhelfen, dass sie im leider nicht übermitteln konnte.

Aber wie vermutet kam die Wende, bei dem Thema ihres Jobs. Der Beamte ließ sie wissen, dass nicht jeder dem Glauben schenkte,

Aber das wusste Michelle, aus eigener Erfahrung. Nachdem der Beamte ihre Wohnung verließ, ließ ihr die Sache keine Ruhe. Michelle wusste auch das ihr nur eine Möglichkeit blieb, auf der sie ihre Aufmerksamkeit richten konnte.
Und es gab einen Engel, der ihr vielleicht mit einem Rat helfen würde. Aber Simon tat noch mehr als das, durch ihn kam sie zum Ort des Geschehens, an dem er sich bereits aufhielt. Michelle wurde in seine Gedanken gezogen, wo sie durch seine Augen den Unfallhergang miterlebte. Es schockierte sie, zumal kannte Michelle diesen schwarzen verbeulten Wagen. Ohne das kleinste Zögern, ließ sie sich neben der geöffneten Fahrertür nieder.

Durch die Augen des Engels wirkte es so, als sei sie in dem Augenblick an diesem Ort. Als sie den Engel bat, war ihr fassungsloser Blick auf das blutverschmierte Gesicht des Fahrers gerichtet.

„Bitte Simon, lass, es bitte nicht zu das er Stirbt." Der skeptische Ausdruck in seinem Gesicht, mit dem er sie auf etwas hinwies. „Hoffentlich ist dir klar, um wem es hier geht?", entging ihr vollkommen. Sie kannte Wagen wie Nummernschild, ebenso die silberne Uhr an seinem rechten Handgelenk. Sobald sie aus diesem Rückblick geholt wurde, brauchte sie einen Moment um sich zu sammeln.

„Wie du bemerkt hast, gab es zwei Unfälle die sich überschnitten haben."

Nur davon erfuhr sie erst später, obwohl Simon ihr ein Bild von Maikel schickte. Plötzlich fiel ihr ein. „Weißt du, dass Maikel mir die Schuld für diesen Unfall gibt. Der Aufgrund eines dummen Jugendstreichs stattfand, weil jemand sich einen Scherz erlaubte indem er seine Seele an den Teufel verkaufte." Und das war Bestimmt, nicht sie. Bis zu dem Geschehen auf der Wache, kannte sie Maikel nicht einmal. Michael war ebenso überrascht das sie wusste. „Seine Schutzengel wurden aus diesem Grunde abgezogen, nicht war? Bis ich dahinter kam, dass dauerte etwas. Praktisch gesehen war mein verschwundenes Handy der Grund, dass es zu dieser Begegnung kommt," stellte sie im Nachhinein fest.

„Du solltest wissen das sich Schicksale, nicht auf Zufälle berufen."

Dann war in dieser Hinsicht William das Schicksal, der auf jeden Fall vermeiden wollte das Michelle sich in seiner Nähe befand.

„Es gab einen Bildlich gesehenen Vorfall, als William wie eine Furie ins Wohnzimmer schneite und das ganze Magazin einer neun Millimeter auf Maikels Gefühl abfeuerte," erklärte sie. „In dem Bezug gibt es zwei Varianten. Die eine wäre das er Herausfinden wollte, wie weit er gehen kann. Oder, er wollte ganz sicher gehen. Leider ist es ihm in seinem Übereifer entgangen das weder Maikles Seele noch sein Gefühl in ihm stecken," erklärte der Engel.

„Weißt du es Interessiert ohnehin keinen, was für eine Arbeit wir auf uns nehmen. Und genauso ist es bei dir, es Interessiert sich auch niemand dafür, dass du diesen Polizisten ständig den Hintern rettest.
Oder hast du einen erlebt, der sich für all das Bedankt hat", fragte er nicht sehr Erfreut.
„Es gehört zu unserem Schicksal, dass es so ist."
„Praktisch gesehen führst du das Leben eines Engels, damit du durch unsere Augen erkennst, wie unsere Arbeit aussieht. Du siehst die Seele, ebenso wie das Gefühl aus unserer Sichtweise."
Michelle war überrascht.

Es war das erste Mal, dass es eine Erklärung gab. Stimmt. Ihre Erlebnisse waren keine Geschichte, obwohl sie jetzt zu einer wurden.
„Kannst du dich erinnern wie du dir ein Leben an meiner Seite wünschtest.
Zumal siehst du wie ich lebe."
Und es immer mehr danach aus, dass Michelle zu einem Engel ausgebildet wurde. Und ohne die Seele des Engels, würde sie leben wie ein normaler Mensch.
Michelle kam wieder zurück, auf Maikel zu sprechen. „Und wo, befindet sich seine Seele?"
„In deiner, großen Liebe Ken. Genau in dem Cop, bei dem du Reichhaltig gelitten hast."
Das musste sie jetzt nicht verstehen, oder doch.

Warum es ausgerechnet, diesen Wechsel gab. Als hätte sie geahnt, dass etwas folgen würde. Da sie einer Weile mit Ken zu tun hatte, musste sie zugeben das sich wirklich alles Widersprach. Aber da Michelle mit allem versehen wurde wie es bei einem Engel der Fall war, konnte von ihr Wortwörtlich verstanden werden was Seele oder das Gefühl wiedergab.
Was Ken versprach, war am nächstem Tag bereits Schnee von gestern.
„Du solltest nicht aus den Augen verlieren, dass er nicht weißt das du seine Versprechen hörst."
Letztendlich kam es nie vor, und schon gar nicht im Leben eines Polizisten.

„Du solltest dennoch aufpassen, nicht das sie alle in deinen Augen zu Lügnern werden. Dann wird aus dem einem Schicksal ein neues."

„Was Ken betrifft, habe ich das Gefühl als hätte er ein schlechtes Gewissen." Sein ganzes Verhalten, war etwas zu auffällig.

„Das kann, Gut möglich sein", antwortete der Engel. Wenn sie darüber nachdachte, was in seiner Fantasie passierte, konnte sie diesen Mann erst recht nicht begreifen.

Auch da verstand sie jedes Wort. Diese Sexszenen, die Michelle ständig in seiner Fantasie zu sehen bekam, spielten sich ständig mit ihr ab. Aber hinter dem Vorhang, war eine vollkommen andere Situation zu erkennen.

„Das du dich als Mittel zum Zweck siehst,

bleibt nicht aus", stellte Michael wenig erfreut fest. „Vergesse dabei nicht, dass es seine und nicht deine Fantasie ist."
„Wenn du dabei außer Acht lässt das mein Gefühl mit dieser Handlungsweise entzogen wird, hast du vermutlich Recht."
Um herauszufinden das in diesem Leben die Liebe der Hauptgewinn ist, dafür brauchte sie schon eine halbe Ewigkeit.
„Du meinst......"
„Wie gesagt das Schicksal bleibt, es wechselt am Ende nur das Kleid, in diesem Falle die Person."
„Dann dürfte die Vergangenheit die Zukunft sein", vermutete er.
„Praktisch gesehen, ja. Aber nur, wenn man sie kennt.

Und ehrlich. Ich möchte nicht wissen, was in seinem Kopf vor sich geht."
Dann sollten sie das Herausfinden, denn ihr standen durch den Engel einige Türen offen.
„Ach du meine Güte", sagte sie mit Schrecken. „Wo sind wir?"
„In, Kens Kurzzeitgedächtnis", antwortete Michael.
Wie sich kurz darauf herausstellte schien es diesem Mann hinter einem Schreibtisch nicht sehr gut zu gehen. Aber, den Blick in das System seines Gehirns, wollte sie auf jeden Fall verzichten.
Dabei fiel ihr auf. „Aus was für einem Grund, befinden sich Ketten an seinen Handgelenken und Beinen.

Soll es heißen das er im Augenblick, an seinem Schreibtisch gebunden ist?"
„Ja. Aber nur, auf kurzer Sicht," antwortete er. Danach wechselte er, ins Langzeitgedächtnis über.
Jetzt, war sie wirklich Überrascht. Das hatte sie sich zumindest, ganz anders vorgestellt. Hier gab es nicht den kleinsten Hinweis, für eine spontane Idee. Aber die Masken mit denen Ken arbeitete, schockierten Michelle zutiefst.
„Wenn ich mir das Ansehe, muss er sehr viele Gesichter haben. Nur hierbei verstehe ich die Aussage des Mannes nicht, dass er die Frau nicht versteht." Obwohl es ihr unbegreiflich war, kam Michelle bei diesem Mann, zum

ersten Mal einen gewaltigen Schritt weiter.
„Ich möchte nicht meckern, aber wir sollten Aufgrund des kleinen Mannes der sich in seinen Hintergedanken befindet verschwinden."
Bevor es zu einem gravierenden Vorfall kommen konnte, war Michael mit ihr aus Kens Gedanken verschwunden.
Nach ihrer Rückkehr, war Ken aus heiterem Himmel verschwunden. Sodass Michael fragte.
„Kannst du mir eine Frage beantworten?" Denn es interessierte ihn, wie ihre Sichtweise aussah. „Wie sehen Seele, oder Gefühl für dich aus?" Grinsend, erwiderte Michelle.
„Paradox. Stell dir meine menschliche Hülle nicht als Mensch, sondern als Gefühl vor, dann hast du meine Sichtweise."

„Du erkennst die Dinge, wie es bei einem Engel auch der Fall ist."
„Und ich brauche nicht in die Zukunft zu Reisen um zu wissen, dass Ken unsere Gedankenreise nicht entgangen ist. Die Sache mit der spontanen Idee, gefiel ihm überhaupt nicht. Danach wollte mir zeigen, wie spontan er sein konnte," stellte Michelle am Ende fest. Auf was das Bezogen war, wollte er nicht wissen. Aber über eine Sache wunderte er sich doch, dass sie trotz zahlreicher Verletzungen, nicht sauer auf ihn war. Stattdessen nannte sie diesen Mann einen Glücksboten, mit dem sie auf eine sehr ungewöhnliche Art und Weise arbeiten konnte. Dann konnte sie von Glück reden, dass Ken

Polizist war und kein Therapeut.

„Würde es dir etwas ausmachen, wenn ich mich für eine Weile hinlege. Diese Reisen, ziehen ganz schön an die Substanz?", fragte Michelle.

Nein. Dagegen, war wirklich nichts Einzuwenden.

Drei

Für sie, begann der darauffolgende Morgen etwas merkwürdig. Das Michael bereits um sieben Uhr in ihrem Schlafzimmer stand, schockierte sie zutiefst.
„Was um alles in der Welt, treibst du hier?"
War das nicht Offensichtlich, fragte er sich. Es war an der Zeit, aus den Bett zu kommen. Schließlich war die gestrige Reise, erst der Anfang.
„Bevor ich mich von dir zu etwas Überreden lasse, bestehe ich auf eine Tasse Kaffee," äußerte sie stur.

Michael war sprachlos, denn er hatte keine Ahnung das Michelle auf seine Gedanken zugreifen konnte.

Etwa fünf Minuten später, standen sie in der kleinen Küche. Michael kam sie winzig vor, was auch an seiner Größe liegen konnte. Eine hellbraune Einbauküche, füllte die rechte Seite des Raumes aus. Wobei ein kleiner Tisch mit vier Stühlen, direkt in die Mitte gestellt wurde. Es war halt ein Arbeitsbereich, stellte Michael nach seiner Beobachtung fest. Aber wie sehr Michelle sich bemühte ihre Beobachtung auf den Inhalt ihrer Tasse zu bringen, entging ihm keineswegs. Bis er letztendlich fragte: „Und, bist du jetzt soweit?", vergingen weitere zehn Minuten.

Woraufhin er ein zustimmendes Nicken erhielt, dass für ihn ausreichend war um über den Tisch nach ihrer Hand zu greifen. Diese Reise fand letztendlich über sein geistiges Portal statt, bei der Michelles Gesicht auf der anderen Seite auf ihn gerichtet war. Michael handelte aus einer reinen Vorsichtsmaßnahme, dass sie in dieser Vergangenheit keinen Schockzustand erlitt. Es vergingen einige Minuten, ehe sie seinem starren Blick nachging.

Erst da stellte sie bestürzt fest. Dass kann nicht, wahr sein. In dieser Zeit, dürfte sie keinesfalls stecken. Aber nichts desto trotz, entging ihr die kleine Gruppe trauernder Menschen nicht, bei denen sie vollkommen in

Panik geriet, dass sie sich von Michael losriss und weglief. Wiederum gab es schon viele panische Situationen, die in ihrem Geiste durch Wächter verursacht wurden.

Bei ihnen schaffte sie es immer wieder, ein Versteck hervorzubringen. Was, sie auch hier versuchte. Aber das ein Baum zum Vorschein kam, überraschte sie nicht.

Sie brauchte einen Moment, bis sie sich dem unausweichlichen Stellen konnte. Sobald sie etwas später ihren Blick durch das graue Spektrum schweifen ließ, musste sie zugeben das es keine beunruhigende Wirkung auf sie ausübte. Sie machte sich stattdessen, um die Abwesenheit des Engels Sorgen. Unruhig atmete sie auf dem zum Kreuz des Boten, kurzatmig ein und aus. Dass sie etwas, Ruhiger wurde. Kurz darauf passierte etwas, mit dem sie am aller wenigsten rechnete. Plötzlich, war eine Stimme zu hören. „Hab keine Furcht."

Bei der sie zu Anfang nicht sicher war, woher sie überhaupt kam. Erst mit einem Blick auf das Gesicht des Boten, änderte sich ihr gesamtes Verhalten. Wie es bereits bei Simon der Fall war, vermittelte auch Michael ihr das Gefühl sie sei in diesem Moment, genau an diesem Ort. Insofern lebte der Bote, dass sie ohne einen Gedanken zu verschwenden zum Handeln verleitet wurde. Aber aus einem unerklärlichem Grund, starb er in ihren Armen.

Bei einem Engel konnte man nie sicher sein, was als nächstes Folgen würde. Bei ihr war es der Fall, dass sich das Ereignis wie eine Zeitschleife wiederholte. Nur der zweite Verlauf, entwickelte sich anders als Erwartet.

Kurz danach, als der Bote ein weiteres Mal in ihren Armen lag, streifte sie die Dornenkrone von seinem Haupt und bat unter Tränen. „Bitte lieber Gott, lass ihn nicht sterben."

Es verging nur der Bruchteil einer Sekunde, bis erwidert wurde. „Für dich, wird er nicht Sterben. Der Geist Jesu wird, egal was passiert in dir Weiterleben." Und wie durch ein Wunder, sah sie Gottes Gesicht.

Infolgedessen, beendete Michael die Reise.

Nach ihrer Rückkehr fragte er: „Mich, würde was Interessieren. Aus was für einem Grund, du lieber Gott sagtest?"
Sie wusste, dass es Kindisch klang. Aus Erfahrung wusste sie aber auch, dass es zu viele von denen gab, die sich in seiner Position sahen.
Wahrscheinlich, tat sie es aus diesem Grund.
„Leg, dich eine Weile hin. Denn wenn man durch die Gedankenwelt eines Erzengels reist, verliert man sehr viel an Energie."
Zu seiner Erleichterung, folgte Michelle seinem Rat.

Vier

Als Michelle am nächsten Morgen das Wohnzimmer betrat, saß Michael zu ihrem Erstaunen auf ihrer Couch. In der Zwischenzeit gab es keine Bedenken mehr, sich neben ihm zu setzen.

Nach etwa fünf Minuten fragte er: „Willst du, mein wahres Ich sehen?"

Das wollte sie sich, auf keinen Fall entgehen lassen.

„Doch du solltest Bedenken, dass du einen sehr alten Mann sehen wirst. In mir, steckt eine sehr alte Seele."

Nachdem sie Nickte, ergriff er ihre Hand.

Bis sich das Bild, eines sehr alten Mannes eröffnete. An dem ihr etwas auffiel, dass sie Michael auf keinen Fall verschweigen wollte. „Wie ich sehe, befindet sich auf deiner linken Wange ein Baum. An dem, sehr viele Früchte hängen." Ob er davon wusste, war Momentan nicht festzustellen.

Dass sich das Bild, plötzlich zu einem Teil aus ihrem Leben veränderte, überraschte sie für eine Sekunde. Als von ihr wahrgenommen wurde, dass sie das zweijährige Kind war das verzweifelt, um sein Leben kämpfte war sie bestürzt. „Das erklärt, meine jahrelangen Alpträume," sagte sie mit einer unerwartet leiser Stimme.

Für sie ließ sich nie Erklären, aus was für

einem Grund sich jede Situation unter Wasser abspielte.

„Es gibt einen Vergleich, der sich in deiner Seele befindet. Damals ging das Engelskind mit einem Jungen mit, von dem sie am Wasser zurückgelassen wurde, wo ich sie fand. Du erlebtest das was dem Engel widerfuhr, nur du hattest nicht so viel Glück. Obwohl der Junge der dich aus dem Wasser zog, heute genauso aussieht wie ich. Er handelt im Sinne der Gerechtigkeit, du hast ihn bereits unter der Polizei wiedergefunden," berichtete Michael. Wie sollte, es auch anders sein. In der Zwischenzeit bestand ihr Leben, nur aus den Personen. Wobei sie bei dem einem oder anderen stets das Gefühl hatte, sich auf einem

Minenfeld zu befinden.

„Für Normen, bin ich ein Fall für sich",
stellte sie einen unausweichlichen Sachverhalt
klar. Nur bei ihm, verhielt sich die Sache
etwas anders. Denn bei seinem Auftauchen
hatte sie nur mit seinem Gefühl zu tun, nie mit
seiner Seele.

„Und, war er ehrlich?", fragte der Engel.
Diese Frage, konnte sie auf keinen Fall
beantworten.

Es war merkwürdig das er in seiner Fantasie
ebenso Zielstrebig vorging, wie Ken mit seiner
Seele. Sein Gefühl wusste immer, wo sie
stecke.

„Auf der anderen Seite weiß ich, dass er mich
Schützen will."

Normen war ein ebenso spezifischer Fall, wie Maikel. Wenn er in seiner Fantasie zu viel seines Gefühls steckte, schob er eine Frau davor. Doch bei ihm schwirrte sie nur sie herum. Nein, dass wäre zu einfach. Im dem Sinne gab es jemanden, der im Hintergrund mit der schwarzen Magie hantierte.
„Das verstehe, ich jetzt nicht."
Es war die Zeit, als Bilder aus seiner Wohnung geschickt wurden. Nur eines wusste sie in dieser Sache nicht, ob es nicht Spiegelverkehrt bei ihr ankam.
Sie wurde regelrecht in das Schlafzimmer hineingezogen. Und dort entdeckte sie dann eine dunkelhaarige schwarzgekleidete Frau. Sie konnte dem Engel an ihrer Seite dankbar sein,

dass er ihr half die Frau aus dem Raum zu entfernen bevor erheblicher Schaden entstand.
„Auf welcher Seite des Bettes, liegt er?"
Sie verstand den Sinn zwar nicht sagte aber.
„Am Fenster."
„War er was diese Frau betraf ein Einzelfall?"
Leider nein. Sie hatte ihre Macht bei Maikel angewendet – und bei demjenigen der sie Zuhause aufsuchte.
„Das verstehe ich, wirklich nicht."
Damit wären sie wohl, zu zweit.
„Wir sollten uns, Normens Gedankenwelt aus der Nähe ansehen," schlug Michael ihr plötzlich vor. Bereits Minuten später, steckten sie in Normens Kurzzeit-

gedächtnis. Wo sie für eine Weile, einen überaus aktiven Mann beobachtete.

Schon, da wusste sie das etwas nicht Stimmte.

„Sieh, ihn dir an. Kein Mensch ist auf kurzer Sicht in der Lage, so zu Arbeiten. Er sieht aus, als wollte er einen Rekord aufstellen."

Das ergab wirklich keinen Sinn.

„Wonach, suchst du?", fragte Michael, sobald er ihren prüfenden Blick wahrgenommen hatte.

Nach einem Hinweis, mit dem sein Akkord einen Sinn ergab. „Da, wäre doch was", stellte sie zwei Minuten später nicht sehr erfreut fest.

„Kannst du Erkennen, was es ist?" Sie sah das Amulett einer schwarzen Hexe wie ein Säckchen.

„Vor ein paar Tagen konnte ich erkennen, dass sie ein Passbild von diesem Polizisten besaß. Es lag, auf einem Tisch. Diese Dinge, lagen ebenso auf dem Bild. Sie wurden, auf seiner Stirn platziert. Glaub mir, sie weiß genau wie man mit dieser Magie umzugehen hat."
„Willst du dir ansehen, wie es in seinem Langzeitgedächtnis aussieht?"
„Nein", stieß sie hervor. „Das würden, wir nicht Überleben."
„Sie mal, er spürt das du da bist."
Normen hatte seine Arbeit unterbrochen - und sah sie an. „Lass uns, von hier verschwinden."
Michelle wollte auf keinen Fall, zu lange in seiner Nähe bleiben. Danach, war sie erleichtert wieder in ihrem Wohnzimmer zu sein.

„Was ist los?", fragte Michael aufgrund ihres verstörenden Gesichtsausdrucks.

„Weißt du, dass diese Frau alle Sexuellen Bilder untereinander verbunden hat?"

„Du meinst damit es so Aussehen soll, als hättest du auf diesem Weg mit jedem Cop was am Laufen?"

„So, in etwa. Ebenso erhalte ich Bilder, wie sie mit anderen Frauen schlafen."

Offensichtlicher, ging es nicht. Diese Frau legte es darauf an, dass sie die Finger von diesen Männern lassen soll.

Nur da kannte sie Michelle nicht. In ihr steckte ein halber Engel. Es gab immer einen Weg, um ans Ziel zu kommen. Man, muss ihn nur lange genug suchen.

„Befindet sich einer unter ihnen, dem du blind dein Leben anvertrauen würdest?"
„Dazu möchte, ich mich nicht äußern", sagte sie. Was ihr bei Normen noch auffiel, wenn sie ihn Mal brauchte war er unauffindbar. Aber wenn er Michelle brauchte, wurde sie einfach in seine Gedanken gezogen.
„Ihr habt, beide ein sehr feines Gespür," wies der Erzengel sie auf etwas hin.
Bei Normen, war es Beruflich bedingt. Es gab nur einen, bei dem das feine Gespür zutreffend wäre – und das war Maikel. Er war der Einzige, der sich in diesem ganzen Zirkus nie blicken ließ.
Nach dem Besuch des uniformierten Beamten hatte sie etwas ausprobiert.

Sie hielt ein Licht in ihren Händen, mit dem sie in den Gedanken eines Polizisten eindrang.

„Und, was passierte?"

„Es war neu für mich, eine Retourkutsche zu erhalten. Ich konnte zuerst nicht Glauben, als er mit dem Licht in seinen Händen in meine Gedanken auftauchte. Er sagte das er sich nicht sicher sei, ob es Funktioniert."

Trotzdem blieb sie sich treu - und verhielt sich weiterhin freundlich und neutral.

„Es ist auch das Beste, was du in dieser Situation tun kannst", stellte Michael fest.

„Weißt du, das eine Seele 16 bis 18 Gramm schwer ist?", fragte er plötzlich.

Das hatte was, mit den Engeln zu tun. Die sechzehn Gramm, wurden den normalen Engeln

zugesprochen. Die achtzehn Gramm, bekamen die Erzengel zugewiesen.
„Wie ich sehe, hast du deine Hausaufgaben sehr gründlich gemacht."

Fünf

Vollkommen unerwartet erfolgte der nächste Sprung, durch sein geistiges Portal. Das Michelle auf der anderen Seite einen Moment brauchte, um sich zu Orientieren.
Als sie fragte: „Wo, sind wir?", ließ sie ihren Blick durch den Raum schweifen.
„Im Himmel."
Für diese Reise sah er keine Probleme, obwohl sie der erste Mensch sein würde die den Himmel zu Lebzeiten zu sehen bekam.
„Was für Informationen, gibt es für das Schwert in dem Stein?", fragte sie mit einem sehr skeptischen Blick.

Diese, Vorgehensweise erinnert an Excalibur. Wo es, um die Reinheit des Herzens ging. Aber dies Schwert war keinesfalls fürs regieren vorgesehen, sondern um hinter der Wahrheit zu kommen.

„Soll das heißen, dass ich vorgehen soll wie König Arthur?" Michael war überrascht, wie schnell von ihr der Sinn des Ganzen herausgefunden wurde. Zur Bestätigung, erhielt sie ein zustimmendes Nicken.
Bevor sie mit ihrer linken den Griff des Schwerts umfasste, atmete Michelle tief ein und aus. Aber dann waren hinter ihr Stimmen zu hören, wobei sie erst blitzschnell herumfuhr, sobald sich das Schwert in ihrer Hand befand.

Es war ein Gefühl das sie Michaels Hand ergriff, ehe sie das rote Leuchten in den Augen des Engels sah. Wie es auf Anhieb aussah, war sie im Augenblick beim Engelsfall des Teufels. Es war an der Zeit, den Ort des Geschehens zu verlassen.

„Entstand so der Fluch auf die Liebe, weil Luzifer dem Engel der Liebe auf den Mund küsste?" Und es war auch kein Zufall, dass Maikel das Aussehen Daniels hatte. Ebenso wenig, dass Normen aussah wie Michael.

„Gibt es etwas das sie ganze Sache erklären könnte, damit es einen Sinn ergab?"

„Du wirst eines Tages, von selbst dahinterkommen. Ich hoffe nicht, dass es dann zu spät ist."

Aber bevor das Passierte, sollte Michelle sich etwas ansehen. Michelle konnte es zuerst nicht fassen, inmitten einer Wolkenpracht zu stehen. Wo ihr Blick wie ein Irrlicht, hin und her schweifte. Selbst das Farbenspiel, war definitiv unbeschreiblich. Es waren die Töne, Flieder wie Orange und das Gelb der untergehenden Sonne zu erkennen. Einfach Phänomenal.

„Warte es ab, das kommt noch eine Überraschung," hörte sie Michael leise sagen. Das hatte sie nun wirklich nicht Erwartet, dass Minuten später Engelskinder aus der Wolkendecke hervorkamen. Sie war überwältigt. Das Geschenk, würde sie den Rest ihres Lebens nicht vergessen.

„An diesen Dingen, kannst du in nicht so guten Zeiten zurückdenken.", sagte er. Danach ließ er ihr noch ein paar Minuten – und brachte Michelle dann ins Wohnzimmer zurück. Das erste war ihr bei der Rückkehr auffiel, war die Dunkelheit die Michelle nicht verstand. Ihr kam es so vor, als handelte es sich bei einer Reise nur um eine viertel Stunde. Jetzt sah sie erst, dass sie sich Täuschte.

Für alle Fälle, blieb Michael nach diesem ereignisreichen Tag, die ganze Nacht an ihrer Seite. Zum ersten Mal verlief der Morgen anders als Michelle es gewöhnt war. Einerseits irritierte es, dass von Michael keine Spur zu finden war.

Hier erkannte sie selbst, wie sehr Michelle

sich an diesem Erzengel gewöhnt hatte.
Er wird gleich schon Auftauchen, dachte sie beim Kaffeekochen. Nachdem sie mit der Tasse in der Hand ins Wohnzimmer eintrat, blieb sie an der Tür abrupt stehen.
Ken hätte sie an diesem Morgen nun wirklich nicht Erwartet. Zumal war es nicht seine Art, so früh bei ihr Aufzutauchen. Ehe Michelle etwas sagen konnte, wurde sie einfach entführt.
Sobald er sie runterließ, stieß sie wütend hervor. „Was, soll der Mist?"
Selbst hier vergaß sie, dass sie keine Antwort erhalten würde. Nur heute wurde sie von Ken, vom Gegenteil überzeugt.
„Es, ist das Jahr 2011." Schön, dachte

Michelle aber das wusste sie auch ohne seine Hilfe. Oder wollte Ken, auf etwas Spezielles hinaus. Schließlich wusste man bei ihm nie, was er als nächstes Aushechte.

„Wo halten, wir uns auf?", fragte sie zweifelnd, wobei Michelle sich nach allen Seiten umsah. Es gab keinen Hinweis, durch etwas das ihr Bekannt vorkam.

„Das, Glaubst du mir nie. Aber lass dir sagen, dass dir uns in deiner Seele befinden."

Sollte, dass ein Scherz sein? Sie kam ja nicht einmal dazu, ihre Tasse Kaffee zu trinken. Und jetzt das.

In ihrer aufsteigenden Wut, wünschte sie sich vor ihrer Seele zu befinden. Wo sich kurz darauf, Überraschenderweise das Schwert in ihrer Hand befand. Es wurde ohne einen Gedanken an die Folgen zu verschwenden, mit einer Wucht in ihre Seele gestoßen.

Sie brauchte nicht noch mehr, durchlebtes Leid. Darauf konnte Michelle, gut und gerne verzichten. Nur die Fragmente die sich wie Blitze durch ihre Seele bewegten, gefielen ihr überhaupt nicht. Sobald ständig neue dazukamen, tat sie das einzig Richtige. In der Hocke, legte sie schützend die Hände über ihren Kopf.

Michelle so vorzufinden, schockierte Michael unsagbar. Es war kein gutes Zeichen, dass sie zitternd am Türrahmen saß.

„Michelle was ist los?", fragte er, doch sie reagierte nicht.

Da er nicht wusste wo genau Michelle sich befand, holte er einen weiteren Erzengel dazu. Genau in dem Moment, kam es zu einer gewaltigen Explosion in ihrer Seele.
Michael hatte alle Hände voll zu tun, sobald das Zittern ihres Körpers heftige Ausmaße annahm.
„Was, ist Passiert?", fragte Uriel als er dazukam. Michael ist einer der mächtigsten Erzengel des Himmels das stimmte, aber in diesem Fall musste er passen.
„Milde ausgedrückt, würde ich sagen. Houston, wir haben ein Problem. Andernfalls frage ich mich, wie das Schwert in ihrer Seele gelangte?" Es musste doch einen Grund geben, dass es überhaupt so weit kam.

„Das andere Problem, was dazukommt ist, Falls die Seele des Engels in Mitleidenschaft gezogen wurde, solltest du ihr schnellstens das Gefühl entziehen. Denn sie wird Bilder zu sehen bekommen, die sieben Jahrhunderte im Verborgenen lagen", warnte und riet Uriel im zugleich. Michael wusste, dass sie sonst mit einem schlimmen Gefühlschaos zu rechnen hätte. Das musste er, auf alle Fälle verhindern. Man konnte nur hoffen, dass die ganze Geschichte am Ende gut ausging. Bevor er ihr das Gefühl entziehen konnte, musste erst das Zittern aufhören. Insofern zog er Michelle in seine Gedanken, wo er sie in seine Arme nahm. Jedoch verstrich die halbe Nacht, bis Michelle vor Erschöpfung einschlief. Sodass Michael ihr danach, dass Gefühl entziehen konnte.

Schon bei der kleinsten Bewegung am nächsten Morgen, taten ihr alle Glieder weh. Zudem musste sie Schockiert feststellen, dass sie noch zwischen der Tür saß.

Zuerst brauchte sie einen sehr starken Kaffee – und das bevor sie Erklärungen abgab. Nach etwas zwanzig Minuten, brach Michael das Schweigen. „Gibt es für die Sache von Gestern, auch die passende Ausführung?"

„Ken war hier. Er hat, mich einfach mitgenommen. Ehrlich, diesmal war ich Machtlos." In der Regel kam ein Wächter nicht in eine Seele. Um das zu schaffen,

musste ein Engel anwesend sein.
„Erinnere dich, vor welcher Seele hast du dich gewünscht?", fragte er plötzlich.
„Vor die, die in mir steckt. Warum fragst du? Aber ich sollte dir nicht verschweigen das ich sah, wie von William eine Seele geöffnet wurde." Das zu hören, gefiel Michael noch weniger.
„Falls du irgendwann Spiegel sehen solltest, dann kannst du ausgehen das es seine ist", mischte Simon sich ins Gespräch ein.
„Und, was wird mit mir passieren?"
„Rein Hypothetisch gesehen, erlebst du eine Sintflut. Es wird eine Flut an Bildern kommen, die du tagtäglich zu sehen bekommst. Andererseits vermute ich das du sie erst zu

sehen bekommst, wenn du dich Schlafen legst. Ich kann dir nur raten, mach die Nacht zum Tag wie umgekehrt", gab ihr Simon diesem gut gemeinten Rat.

Die gesamte Sachlage wurde etwas seltsam als Michael aus heiterem Himmel fragte. „Wo steckt eigentlich, die Seele des Engels?"

Das Simon stutzig wurde, konnte sie gut verstehen.

„Ich nehme an, dass wir es hier mit Normen zu tun haben", sagte sie mit einem Blick in seine Richtung.

„Wie, kommst du darauf?", hakte Simon nach.

„Er sagte mir, dass er eine wahnsinnige Angst hat. Nur war mir nicht klar, vor was."

„Das kann ich dir in diesem Moment nicht

beantworten", sagte Simon dazu.
Andererseits unternahm Simon in der Hinsicht etwas, dass Michelle sehen konnte was an Bildern von dieser Frau kam.
„Das, wäre erledigt", äußerte der Engel nach einer Weile, mit einem sehr zufriedenen Lächeln. Wenig später bat sie ihn. „Könntest du mir vielleicht das Gefühl, für diese Bilder entziehen?"
Weil sie es nicht nur mit Engeln zu tun hatte, wollte sie in diesem Fall sicher sein.
„Mich würde trotz allem etwas Interessieren. Derjenige der Luzifer tötet, muss doch seinen Platz einnehmen oder?"
„In der Regel schon", sagte er. Aus diesem Grunde, wurde er immer in Ketten gelegt.

„Aber wie ich gesehen habe, gibt es bereits ein Wesen mit Michaels Aussehen, der für den Untergang sorgen soll", stellte Michelle ernüchtert fest.

„Was bei dir aber der Fall ist", wich er ihrem Thema aus. „Der Engel dessen Seele du in dir trägst, lernte Daniel kennen wie du diesen Maikel. All ihre Geschichten die sie erlebte, schrieb sie in einem Tagebuch das ihr eines Tages entwendet wurde – und zu ihrem Schicksal wurde. Ebenso wie es dir passiert ist. Damals gab es zwei, die das Aussehen des Erzengels hatten. Weil der Engel nach seinem Fall auf jemanden traf, der das Aussehen des Erzengels hatte, ließ sie sich mit ihm ein. Denn sie war im Glauben es sei Michael.

Andererseits brach ihr dieser Mann, das Genick. Lass es nicht zu, dass dir das auch passiert. Es gehört, zum Schicksal", berichtete Simon.

„Lass uns in diesem Bezug warten, wie sich die ganze Sache weiterentwickelt", schlug ihr der Engel vor und verschwand.

Am darauffolgenden Morgen, tauchte Simon vollkommen unerwartet bei ihr auf.

„Und wie, ist die letzte Nacht verlaufen?", wollte er grinsend wissen.

„Wie bist du nur, auf diesen Gedanken gekommen?" Denn jeder Mann der ihr letzte Nacht geschickt wurde, trug eine rote Schleife. „Du bist wirklich einzigartig", stellte sie lachend fest. Nicht mal sie, wäre auf diese Idee gekommen.

„Ich danke dir für die Blumen. Andererseits gibt es was, dass ich dir Erklären möchte. Es existiert eine Prophezeiung, die besagt. Es würde ein Kind geboren, dass die Seele eines Engels in sich trug um Schicksale zu verändern. Dieses Kind bist du wie man es an den Zeichen auf deiner Stirn erkennen kann, daran besteht kein Zweifel. Ebenso wurden von dir, Schicksale der Polizisten verändert", erklärte ihr der Engel. All diese Tatsachen, waren ein Teil ihrer Bestimmung.

„Um, auf diesen Unfallwagen zurückzukommen, Hast du diese silberne Uhr, in einem Bild gesehen?" Sogar in zwei Bildern. Maikel trug ebenfalls eine, wie der eine Polizist.

„Und bei wem, war sie versteckt?"
„Bei Maikel. Die habe ich erst, letzte Nacht entdeckt. Ich kann mich noch daran erinnern, dass er mich zurückrufen wollte.
Und ehrlich, warte ich noch heute darauf. Was damals passiert ist, davon habe ich keine Ahnung," sagte Michelle.
„Wir werden es, in dieser Hinsicht auch nie erfahren.
„Irgendwie erinnert mich das, an die Entstehung des Paradieses. Im Endeffekt, entwickelte sich der Verlauf als wir ihn kennen. Als Gott Adam erschuf kam nicht wie ich annahm, Eva sondern der Engel dazu. Erst nachdem Adam mit den Engel nichts Anzustellen wusste, entwickelte sich die Sache

zu einem Fiasko. Sobald Eva dazukam, wurde der Engel eifersüchtig, weil er seinen Platz wegen eines Menschen räumen musste, sodass daraufhin der Fluch entstand.
Bis heute hat sich daran nichts geändert. Für den Mann, gehört der Engel einfach nur zu einer Geschichte," teilte Michelle dem Engel mit. „Du hast dich gefragt wie es sich Entwickelt hätte, wenn von Adam eine andere Entscheidung gekommen wäre. Andererseits hast du dich entschieden deinen Weg mit den Engeln zu gehen. Hast du es bereut?"
Trotz der Hölle die sie durchlebte, hatte sie es nicht Bereut.
Simon war auch erstaunt, als Michelle sein Menschlichen Ende zu sehen bekam.

Dass sie seine Vierteilung zu sehen bekam, wurde keineswegs eingeplant.
Bei der sie in ihren Gedanken hysterisch schrie, weil sie von einem Engel von einem Engel gehindert wurde ihm zu Helfen. Egal was sie Versuchte, sie schaffte es einfach nicht.
„Dein Versprechen das du mir gegeben hast, wurde nicht gebrochen. Denn ich weiß, ich befinde mich in vielen Kapiteln deines Lebens", sagte Simon ehe er verschwand.
In der darauffolgenden Zeit, kehrte endlich die lang ersehnte Ruhe ein. Bis ein Engel der aussah wie Simon vor ihr stand – und sagte.
„Weißt du, dass Michael verschwunden ist?"
Diese Sache verhielt sich ganz anders als

Angenommen. In ihrem Leben gab es zu viele von denen die Aussahen wie Michael. Und somit, vertauschte sie bei Michael und Simon einfach die Rollen. Wie es bereits, bei Ken und Maikel passierte. Selbst das Schicksal, wurde von ihr Verändert.

Ende

Danksagung

Ich möchte den Engeln Michael und Simon für ihre Hilfe meinen Dank aussprechen.
Ebenso möchte ich Gott danken, den es wirklich gibt.